PEPTID

Therapieleitfaden

2024

Navigieren Sie auf dem Weg zu optimaler Gesundheit, Leistung und Langlebigkeit durch wissenschaftlich fundierte Lösungen und innovative Ansätze

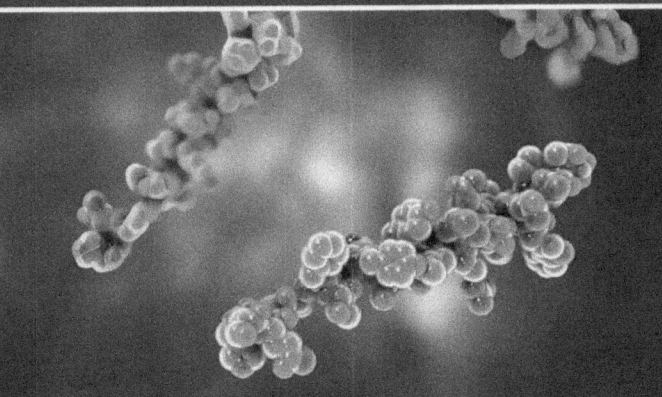

Dr. Catherine Davis

Inhaltsverzeichnis

Einführung in die Peptidtherapie

D as erstaunliche Potenzial von Peptiden, die häufig als Bausteine des Lebens bezeichnet werden, zur Verbesserung der menschlichen Gesundheit und des Wohlbefindens hat in der Medizin und im Gesundheitswesen große Aufmerksamkeit erregt. Periphere Aminosäureketten sind der Schlüssel zu den zahlreichen therapeutischen Vorteilen der Peptidtherapie, die immer deutlicher werden, je weiter wir dieses komplexe Gebiet erforschen. Diese Vorteile reichen von Anti-Aging bis hin zur Leistungssteigerung.

Peptide verstehen

Peptide sind kurze Sequenzen von Aminosäuren, die durch Peptidbindungen verbunden sind; Diese Aminosäuren bilden die Grundeinheiten von Proteinen. Aufgrund ihrer wichtigen Rolle als molekulare Botenstoffe, die biologische Funktionen steuern, sind sie an einer Vielzahl physiologischer Prozesse beteiligt. Die Aufrechterhaltung der Homöostase und die Steuerung komplizierter biologischer Wege werden durch Peptide und ihre verschiedenen Formen und Aktivitäten ermöglicht.

Es gibt äußerst vielfältige Peptidfunktionen, die von der Modulation der Neurotransmitteraktivität bis zur Abwehr von Mikroben (antimikrobielle Peptide) reichen. Eine weitere Entwicklung, die das therapeutische Potenzial von Peptiden erhöht hat, ist die Entwicklung maßgeschneiderter Peptide mit spezifischen Funktionen, die durch Fortschritte in der Peptidsynthese und -technik ermöglicht wurden.

Entwicklung der Peptidtherapie

Die Geschichte der Peptidbehandlung lässt sich bis in alte Zivilisationen zurückverfolgen, in denen natürliche Peptidquellen wie Schlangengift und Pflanzenextrakte für medizinische Zwecke eingesetzt wurden. Im Laufe der Zeit haben wissenschaftliche Entdeckungen zu einem tieferen Verständnis der Peptidbiologie und der Produktion synthetischer Peptide mit erhöhter Stabilität und Bioverfügbarkeit geführt.

In den letzten Jahrzehnten erlebte die Peptidtherapie ein Comeback, angetrieben durch Durchbrüche bei Peptidsyntheseprozessen, Peptidabgabetechnologien und Molekularbiologie. Peptide werden in der modernen Medizin zunehmend als wichtige Wirkstoffe angesehen, deren Einsatzmöglichkeiten von der Krankheitstherapie bis zur Leistungssteigerung reichen.

Vorteile und Anwendungen der Peptidtherapie

Die Vielseitigkeit von Peptiden macht sie bei der Behandlung eines breiten Spektrums von Gesundheitszuständen und bei der Verbesserung zahlreicher Elemente der menschlichen Physiologie von Nutzen. Zu den wichtigsten Vorteilen und Anwendungen der Peptidbehandlung gehören:

1. **Anti-Aging-Effekte:** Peptide wie Wachstumshormon-freisetzende Peptide (GHRPs) und epidermaler Wachstumsfaktor (EGF) erhöhen nachweislich die Kollagenbildung, verbessern die Geschmeidigkeit der Haut und minimieren das

Auftreten von Falten, was vielversprechende Anti-Aging-Mittel darstellt.

2. Muskelwachstum und Erholung: Peptide wie Wachstumshormon-Sekretagoga (GHSs) und selektive Androgenrezeptor-Modulatoren (SARMs) erfreuen sich bei Sportlern und Fitnessbegeisterten großer Beliebtheit, da sie das Muskelwachstum fördern, die Kraft steigern und die Erholung nach anstrengendem Training beschleunigen können.

3. Kognitive Verbesserung: Bestimmte Peptide, insbesondere nootrope Peptide und Mimetika des aus dem Gehirn stammenden neurotrophen Faktors (BDNF), bergen das Potenzial zur Steigerung der kognitiven Funktion, der Gedächtniserhaltung und der geistigen Klarheit und bieten Hoffnung für Personen, die eine kognitive Verbesserung und Neuroprotektion anstreben.

4. Unterstützung des Immunsystems: Immunmodulatorische Peptide wie Thymosin alpha-1 und LL-37 haben eine immunstärkende Wirkung gezeigt und helfen bei der Behandlung von Autoimmunerkrankungen, Infektionen und Entzündungszuständen, indem sie Immunantworten regulieren und die Abwehrsysteme des Wirts stärken.

5. Stoffwechseloptimierung: Peptide, die auf Stoffwechselwege abzielen, wie etwa Glucagon-ähnliche Peptid-1 (GLP-1)-Analoga und Melanocortin-Rezeptor-Agonisten, erweisen sich als vielversprechend bei der Kontrolle von Fettleibigkeit, Diabetes und dem metabolischen Syndrom, indem sie den Appetit, den Glukosestoffwechsel und den Energieverbrauch regulieren.

6. Verletzungsreparatur und Geweberegeneration: Peptide mit regenerativen Eigenschaften, wie Wachstumsfaktoren und

Gewebereparaturpeptide, haben das Potenzial, die Wundheilung zu beschleunigen, die Gewebereparatur zu fördern und die Regeneration geschädigter Organe und Gewebe zu erleichtern, was neue Ansätze für die regenerative Medizin bietet.

7. Hormonhaushalt: Peptide, die hormonelle Signalwege verändern, wie etwa Analoga des Gonadotropin-Releasing-Hormons (GnRH) und Kisspeptin-Agonisten, haben das Potenzial, das hormonelle Gleichgewicht wiederherzustellen, die reproduktive Gesundheit zu fördern und endokrine Erkrankungen zu bekämpfen.

Die Peptidtherapie stellt eine potenzielle Grenze in der modernen Medizin dar und bietet einen maßgeschneiderten und gezielten Ansatz zur Gesundheitsoptimierung und Krankheitsbehandlung. Durch kontinuierliche Forschung und Innovation entfaltet sich das volle Potenzial von Peptiden zur Verbesserung der menschlichen Gesundheit und des Wohlbefindens und schafft die Zukunft der Molekularmedizin und der maßgeschneiderten Gesundheitsversorgung.

Kapitel 2: Die Wissenschaft hinter Peptiden

Peptide mit ihren komplizierten molekularen Strukturen und zahlreichen Aktivitäten bieten ein faszinierendes Forschungsthema in der Welt der Biochemie und Molekularbiologie. Um die Wissenschaft zu verstehen, die Peptiden zugrunde liegt, muss man sich mit ihrer molekularen Architektur befassen, ihre Wirkungsweisen erklären und Strategien finden, um ihre Bioverfügbarkeit für therapeutische Anwendungen zu steigern.

Molekulare Struktur und Funktion von Peptiden

Im Kern bestehen Peptide aus Aminosäuren, den Grundbausteinen der Proteinproduktion. Diese

Aminosäuren sind durch Peptidbindungen miteinander verbunden, wodurch Ketten unterschiedlicher Länge und Sequenz entstehen. Die besondere Anordnung der Aminosäuren in einer Peptidkette definiert ihre charakteristische dreidimensionale Struktur, die wiederum ihre biologische Aktivität und Interaktion mit zellulären Zielen bestimmt.

Peptide weisen eine bemerkenswerte Bandbreite an Strukturmustern auf, die von einfachen linearen Sequenzen bis hin zu komplexen gefalteten Formen reichen. Diese strukturelle Vielfalt verleiht Peptiden eine Vielzahl von Aktivitäten, darunter Enzymkatalyse, Signaltransduktion, Rezeptorbindung und strukturelle Unterstützung in Zellen und Geweben.

Das Verständnis der Struktur-Funktions-Zusammenhänge von Peptiden ist von entscheidender Bedeutung für die Interpretation ihrer physiologischen Aktivitäten und die Entwicklung therapeutischer Therapien, die präzise und wirksam auf bestimmte biochemische Wege abzielen.

Wirkmechanismen

Peptide üben ihre biologische Wirkung über eine Reihe von Methoden aus, was auf ihre Vielfalt als molekulare Vermittler kritischer biologischer Prozesse hinweist. Diese Mechanismen lassen sich allgemein in viele Schlüsselwirkungsarten unterteilen:

1. Rezeptorbindung und Signaltransduktion: Viele Peptide fungieren als Liganden, die an spezifische Rezeptoren auf der Oberfläche von Zielzellen binden und intrazelluläre Signalkaskaden auslösen, die zelluläre Reaktionen wie

Genexpression, Enzymaktivität und Ionenkanalleitfähigkeit beeinflussen. Beispiele hierfür sind Neuropeptide, die die neuronale Aktivität beeinflussen, und Peptidhormone, die die endokrine Funktion regulieren.

2. Enzymatische Katalyse: Bestimmte Peptide besitzen enzymatische Aktivität und dienen als Katalysatoren für biologische Reaktionen, die die Umwandlung von Substraten in Produkte fördern. Enzymatische Peptide spielen eine Schlüsselrolle bei Stoffwechselwegen, beim Proteinabbau und bei posttranslationalen Veränderungen und tragen zur zellulären Homöostase und Stoffwechselregulierung bei.

3. Strukturelle Unterstützung: Peptide können auch als Strukturelemente in Zellen und Geweben wirken und zellulären Komponenten wie

Membranen, Zytoskelett und extrazellulärer Matrix Stabilität und Organisation verleihen. Strukturpeptide erfüllen entscheidende Funktionen bei der Erhaltung der Gewebeintegrität, der Zellform und der mechanischen Festigkeit.

4. Zellulare Signalübertragung und Kommunikation: Peptide fungieren als wesentliche Vermittler der interzellulären Kommunikation, indem sie Nachrichten über verschiedene Zelltypen hinweg übermitteln und physiologische Reaktionen über Gewebe und Organsysteme hinweg koordinieren. Signalpeptide beeinflussen viele biologische Prozesse, darunter Wachstum, Entwicklung, immunologische Funktion und Stressreaktionen.

Durch die Aufklärung der genauen Wirkmechanismen hinter der Peptidaktivität können

Forscher neue therapeutische Ziele identifizieren und bahnbrechende Behandlungen für ein breites Spektrum von Krankheiten und Störungen entwickeln.

Bioverfügbarkeit und Verabreichungsmethoden

Eines der Probleme bei peptidbasierten Therapien ist die Maximierung ihrer Bioverfügbarkeit – das Ausmaß, in dem ein Arzneimittel seinen vorgesehenen Zielort erreicht und seine gewünschten Wirkungen entfaltet. Peptide neigen dazu, durch proteolytische Enzyme im Magen-Darm-System abgebaut zu werden und können schnell aus dem Blutkreislauf entfernt werden, was ihre Wirksamkeit als therapeutische Mittel einschränkt.

Um die Bioverfügbarkeit von Peptiden zu steigern, haben Forscher mehrere Abgabesysteme und Formulierungsstrategien entwickelt, darunter:

1. **Parenterale Verabreichung:** Injizierbare Verabreichungsmethoden wie die subkutane, intramuskuläre oder intravenöse Injektion umgehen den Magen-Darm-Trakt und geben Peptide direkt in den Blutkreislauf ab, wodurch eine schnelle und wirksame Absorption gewährleistet wird.

2. **Prodrug-Design:** Chemische Veränderungen der Peptidstruktur, wie der Einbau von Lipideinheiten oder Glykosylierung, können die Stabilität erhöhen, die Zirkulationszeit verlängern und die Membranpermeabilität verbessern, wodurch die orale Bioverfügbarkeit und die Gewebepenetration verbessert werden.

3. Nanopartikelformulierungen: Die Einkapselung von Peptiden in Nanopartikelträgern wie Liposomen, Polymermizellen oder Lipidnanopartikeln schützt sie vor Abbau und erleichtert die gezielte Abgabe an bestimmte Gewebe oder Zellen, wodurch Nebenwirkungen außerhalb des Ziels minimiert und die therapeutische Wirksamkeit maximiert werden.

4. Peptidmimetika: Synthetische Analoga oder Mimetika natürlicher Peptide mit verbesserten pharmakokinetischen Eigenschaften, wie z. B. größerer Stabilität und verlängerter Halbwertszeit, bieten alternative Optionen zur Überwindung von Bioverfügbarkeitsgrenzen und zur Optimierung therapeutischer Wirkungen.

Durch den Einsatz innovativer Verabreichungstechnologien und Designtaktiken können Forscher die inhärenten Schwierigkeiten einer peptidbasierten Therapie überwinden und das volle therapeutische Potenzial dieser außergewöhnlichen molekularen Wirkstoffe ausschöpfen.

Kapitel 3: Peptide zur Gesundheitsoptimierung

Im Streben nach optimaler Gesundheit und Wohlbefinden greifen Forscher und medizinisches Fachpersonal zunehmend auf Peptide als wirksame Instrumente zur Aufrechterhaltung der physiologischen Funktion, zur Bekämpfung altersbedingter Verschlechterung und zur Verbesserung des allgemeinen Wohlbefindens zurück. Peptidbasierte Therapien bieten einen neuen Ansatz zur Gesundheitsoptimierung, indem sie spezifische biochemische Wege und biologische Prozesse ansprechen, um gezielte Wirkungen zu erzielen. In dieser detaillierten Untersuchung befassen wir uns mit dem therapeutischen Potenzial von Peptiden zur Anti-Aging-Therapie, zur Unterstützung des Immunsystems und zur kognitiven Verbesserung und heben ihre Rolle bei der

Steigerung der Lebensqualität und der Verlängerung der Lebenserwartung hervor.

Anti-Aging-Peptide

Altern ist ein komplexer biologischer Prozess, der durch einen stetigen Verlust der Zellaktivität, der Gewebeintegrität und der Organstabilität gekennzeichnet ist. Während das Altern unvermeidlich ist, deuten Untersuchungen darauf hin, dass einige Peptide dazu beitragen können, altersbedingte Veränderungen zu lindern und ein gesundes Altern zu fördern, indem sie auf kritische Signalwege im Zusammenhang mit Zellalterung, oxidativem Stress und Entzündungen abzielen.

Zu den vielversprechendsten Anti-Aging-Peptiden gehören:

1. Epidermaler Wachstumsfaktor (EGF).): EGF ist ein starkes Peptid, das die Zellproliferation, die Gewebeheilung und die Kollagensynthese in der Haut stimuliert. Durch die Förderung der Zellregeneration und die Erhöhung der Hautflexibilität haben sich EGF-Peptide als vielversprechend bei der Reduzierung des Auftretens von Falten, feinen Linien und anderen Symptomen der Hautalterung erwiesen.

2. Wachstumshormon-Releasing-Peptide (GHRPs): GHRPs erhöhen die Freisetzung von Wachstumshormon aus der Hypophyse und haben eine anabole Wirkung auf Muskeln, Knochen und Bindegewebe. Diese Peptide wurden auf ihr Potenzial zur Förderung des Muskelwachstums, zur Verbesserung der Knochendichte und zur Steigerung des Energieniveaus untersucht, was auf vielversprechende Anti-Aging-Vorteile hindeutet.

3. Thymosin Beta-4 (TB-500): TB-500 ist ein Peptid, das aus dem Protein Thymosin Beta-4 hergestellt wird und eine Schlüsselrolle bei der Gewebereparatur und -regeneration spielt. TB-500-Peptide wurden auf ihre Fähigkeit untersucht, die Wundheilung zu beschleunigen, Entzündungen zu reduzieren und den Gewebeumbau zu stimulieren, was sie zu wertvollen Wirkstoffen für Anti-Aging-Therapien macht.

Durch die Nutzung der regenerativen und verjüngenden Fähigkeiten dieser und anderer Anti-Aging-Peptide können Menschen möglicherweise den altersbedingten Rückgang abmildern und mit zunehmendem Alter Vitalität und Widerstandsfähigkeit bewahren.

Unterstützung des Immunsystems

Ein gesundes Immunsystem ist von entscheidender Bedeutung, um den Körper gegen Krankheitserreger zu bekämpfen, Infektionen zu vermeiden und die allgemeine Gesundheit zu erhalten. Peptide spielen eine wichtige Rolle bei der Modulation immunologischer Reaktionen und der Regulierung der Immunfunktion, was sie zu wesentlichen Wirkstoffen zur Förderung der Gesundheit und Widerstandsfähigkeit des Immunsystems macht.

Zu den wichtigsten Peptiden zur Unterstützung des Immunsystems gehören:

1. Thymosin Alpha-1 (Tα1): Tα1 ist ein natürlich vorkommendes Peptid, das die Immunfunktion fördert, indem es die Reifung und Aktivierung von T-Zellen fördert, der primären Abwehr des Körpers gegen Infektionen. Tα1-Peptide wurden auf ihre Fähigkeit untersucht, immunologische Reaktionen zu verstärken, die Wirksamkeit des Impfstoffs zu steigern und die Ergebnisse bei Patienten mit immunbedingten Erkrankungen zu verbessern.

2. LL-37: LL-37 ist ein antimikrobielles Peptid, das von Immunzellen produziert wird und eine antimikrobielle Breitbandaktivität gegen Bakterien, Viren und Pilze zeigt. LL-37-Peptide enthalten auch immunmodulatorische Eigenschaften, kontrollieren Entzündungsreaktionen und unterstützen die Gewebereparatur und -regeneration.

3. Beta-Glucan-Peptide: Beta-Glucane sind Polysaccharide, die in einigen Pilzen, Bakterien und Getreide vorkommen und die Immunaktivität und die Abwehrsysteme des Wirts stärken. Beta-Glucan-

Peptide stimulieren nachweislich Makrophagen, natürliche Killerzellen und andere Immunzellen und verbessern so deren Fähigkeit, Infektionen zu erkennen und zu beseitigen.

Kognitive Verbesserung

Die kognitive Funktion umfasst ein breites Spektrum geistiger Aktivitäten, darunter Gedächtnis, Aufmerksamkeit, Lernen und exekutive Funktionen. Peptide haben sich als potenzielle Wirkstoffe zur Verbesserung der kognitiven Funktion und zur Erhaltung der Gehirngesundheit erwiesen, indem sie die Neurotransmitteraktivität verändern, das neuronale Überleben fördern und die synaptische Plastizität verbessern.

Zu den wichtigsten Peptiden zur kognitiven Verbesserung gehören:

1. Nootropische Peptide: Nootropika oder „intelligente Drogen" sind Chemikalien, die die kognitive Funktion, das Gedächtnis und die geistige Klarheit steigern. Peptide wie Noopept, Semax und Cerebrolysin wurden auf ihre Fähigkeit untersucht, die kognitive Leistungsfähigkeit zu verbessern, Aufmerksamkeit und Konzentration zu steigern und vor altersbedingtem kognitivem Verfall zu schützen.

2. Mimetika des Brain-Derived Neurotrophic Factor (BDNF): BDNF ist ein Protein, das das Wachstum, das Überleben und die Differenzierung von Neuronen im Gehirn fördert. BDNF-mimetische Peptide imitieren die Aktivität von BDNF und steigern die Neurogenese, die synaptische Plastizität und das neuronale Überleben. Diese Peptide haben sich als vielversprechend bei der Förderung von Lernen und Gedächtnis sowie beim Schutz vor neurodegenerativen Erkrankungen wie Alzheimer und Parkinson erwiesen.

3. Peptidhormone: Peptidhormone wie Oxytocin und Vasopressin spielen eine Schlüsselrolle bei der Regulierung des Sozialverhaltens, der emotionalen Verarbeitung und der Stressreaktionen. Oxytocin-Peptide wurden auf ihr Potenzial untersucht, soziale Bindungen, Empathie und Vertrauen zu stärken, während Vasopressin-Peptide die Gedächtniskonsolidierung und die kognitiven Funktionen verbessern können.

Peptide bieten einen multimodalen Ansatz zur Gesundheitsoptimierung, der sich mit wichtigen Aspekten des Alterns, der immunologischen Funktion und der kognitiven Leistungsfähigkeit befasst. Durch die Nutzung des therapeutischen Potenzials von Peptiden zur Anti-Aging-Therapie, zur Unterstützung des Immunsystems und zur Verbesserung der kognitiven Fähigkeiten können sich Einzelpersonen in die Lage versetzen, ein gesünderes, lebendigeres Leben mit größerer Widerstandsfähigkeit, Vitalität und Wohlbefinden zu führen.

Kapitel 4: Peptide zur Leistungssteigerung

Auf der Suche nach körperlicher Höchstleistung und sportlicher Größe greifen Sportler, Fitnessbegeisterte und alle, die ihre körperlichen Fähigkeiten verbessern möchten, zunehmend auf Peptide als wirksame Hilfsmittel zur Stärkung des Muskelwachstums, zur Verbesserung der Ausdauer und zur Beschleunigung des Fettabbaus zurück. Peptidbasierte Therapien bieten einen maßgeschneiderten Ansatz zur Leistungssteigerung, indem sie die körpereigenen Mechanismen nutzen, um Muskelhypertrophie zu fördern, die Ausdauer zu steigern und die Stoffwechselfunktion zu verbessern. In dieser umfassenden Untersuchung untersuchen wir das therapeutische Potenzial von Peptiden für Muskelwachstum und -regeneration, Ausdauer- und Ausdauerverstärker sowie Fettabbau und

Stoffwechseloptimierung und beleuchten ihre Rolle bei der Maximierung der menschlichen Leistungsfähigkeit und der Erweiterung der Grenzen des menschlichen Potenzials.

Muskelwachstum und Erholung

Muskelwachstum oder Hypertrophie ist der Prozess, bei dem Muskelfasern als Reaktion auf durch körperliche Betätigung verursachten Stress und mechanische Spannung an Größe und Stärke zunehmen. Peptide erfüllen eine entscheidende Funktion bei der Regulierung der Muskelproteinsynthese, ermöglichen die Gewebereparatur und steigern die anabolen Aktivitäten, die zum Muskelwachstum und zur Muskelregeneration beitragen.

Zu den wichtigsten Peptiden für Muskelwachstum und Rehabilitation gehören:

1. Wachstumshormon-Sekretagoga (GHSs): GHS stimulieren die Freisetzung von Wachstumshormon (GH) aus der Hypophyse, was wiederum die Muskelproteinsynthese verbessert, die Muskelmasse erhöht und die Erholung von durch körperliche Betätigung verursachten Muskelverletzungen beschleunigt. Peptide wie GHRP-6, GHRP-2 und Ipamorelin wurden auf ihre Fähigkeit untersucht, das Muskelwachstum zu stimulieren, die Kraft zu verbessern und die Erholungszeit zwischen den Übungen zu minimieren.

2. Selektive Androgenrezeptormodulatoren (SARMs): SARMs sind synthetische Chemikalien, die speziell auf Androgenrezeptoren im Muskelgewebe abzielen und so die anabole Wirkung verstärken, ohne die negativen Nebenwirkungen herkömmlicher anaboler Steroide. Peptide wie MK-677 (Ibutamoren) und LGD-4033 (Ligandrol) haben sich als vielversprechend für die Förderung des Muskelwachstums, die Steigerung der Muskelkraft und die Steigerung der sportlichen Leistung erwiesen.

3. Analoga des Insulin-ähnlichen Wachstumsfaktors 1 (IGF-1): IGF-1 ist ein Peptidhormon, das eine entscheidende Rolle bei der Modulation der Wirkung des Wachstumshormons auf Muskelwachstum und Muskelreparatur spielt. IGF-1-Analoga spiegeln die Aktivitäten von endogenem IGF-1 wider und steigern die Proliferation, Differenzierung und Hypertrophie von Muskelzellen. Peptide wie Mecasermin (rekombinantes menschliches IGF-1) wurden auf ihre Fähigkeit untersucht, das Muskelwachstum zu stimulieren, die Rehabilitation zu verbessern und die Heilung von Muskel-Skelett-Verletzungen zu beschleunigen.

Ausdauer- und Ausdauer-Booster

Ausdauer und Ausdauer sind entscheidende Eigenschaften für Sportler, die lange und hochintensive Übungen wie Langstreckenlauf, Radfahren und Ausdauersport betreiben. Peptide spielen eine entscheidende Rolle bei der Stärkung der aeroben Kapazität, der Förderung des Sauerstoffverbrauchs und der Verzögerung des Einsetzens von Müdigkeit, sodass Sportler über längere Zeiträume ein hohes Leistungsniveau aufrechterhalten können.

Zu den wichtigsten Peptiden für Ausdauer und Ausdauerentwicklung gehören:

1. Erythropoese-stimulierende Peptide (ESPs): ESP stimulieren die Synthese roter Blutkörperchen (Erythropoese) im Knochenmark, was zu einer größeren Sauerstofftransportkapazität und einer verbesserten Ausdauerleistung führt. Peptide wie Erythropoietin (EPO) und Peginesatid wurden eingesetzt, um den Sauerstofftransport zu den Muskeln zu steigern, Erschöpfung zu verzögern und die Ausdauer von Ausdauersportlern zu verbessern.

2. Beta-Alanin-Peptide: Beta-Alanin ist eine nicht-essentielle Aminosäure, die mit Histidin interagiert, um Carnosin zu erzeugen, ein Dipeptid, das im Skelettmuskelgewebe vorhanden ist. Carnosin wirkt als Puffer gegen die Bildung von Milchsäure bei hochintensivem Training, verzögert den Beginn der

Muskelerschöpfung und steigert die Ausdauerleistung. Peptidbasierte Beta-Alanin-Formulierungen bieten eine einfache und wirksame Technik zur Steigerung des intramuskulären Carnosinspiegels, zur Förderung der Ausdauerleistung und zur Maximierung der Trainingskapazität.

3. Endorphin-Analoga: Endorphine sind endogene Opioidpeptide, die der Körper als Reaktion auf Stress, Schmerzen und körperliche Betätigung produziert. Endorphin-Analoga reproduzieren die Funktion endogener Endorphine, verbessern die Schmerztoleranz, verringern die wahrgenommene Anstrengung und fördern ein Gefühl von Euphorie und Wohlbefinden bei Ausdauertraining. Peptide wie Enkephalin und β-Endorphin wurden auf ihre Fähigkeit untersucht, die Ausdauerleistung zu verbessern, die Motivation zu steigern und das gesamte Trainingserlebnis zu verbessern.

Durch die Nutzung der leistungssteigernden Eigenschaften dieser und anderer Peptide können Sportler ihre Ausdauergrenzen erweitern, körperliche Grenzen überwinden und neue sportliche Erfolgsniveaus erreichen.

Fettabbau und Stoffwechselsteigerung

Die Körperzusammensetzung, die sich auf das Verhältnis von Fettmasse zu Muskelmasse im Körper bezieht, hat einen entscheidenden Einfluss auf die sportliche Leistung, die Stoffwechselgesundheit und das allgemeine Wohlbefinden. Peptide bieten gezielte Lösungen zur Optimierung der Körperzusammensetzung, zur Förderung des

Fettabbaus und zur Verbesserung der Stoffwechselfunktion durch ihre Auswirkungen auf die Appetitkontrolle, den Energieverbrauch und den Fettstoffwechsel.

Zu den wichtigsten Peptiden für den Fettabbau und die Verbesserung des Stoffwechsels gehören:

1.Melanocortin-RezeptorAgonisten: Melanocortin-Rezeptoren sind G-Protein-gekoppelte Rezeptoren, die den Energiehaushalt, den Hunger und den Stoffwechsel regulieren. Es wurde gezeigt, dass Agonisten von Melanocortinrezeptoren wie Melanotan II und Bremelanotid den Appetit unterdrücken, den Energieverbrauch erhöhen und die Gewichtsreduktion verbessern, indem sie Signalwege aktivieren, die die Nahrungsaufnahme begrenzen und die Thermogenese fördern.

2. Glucagon-ähnliche Peptid-1 (GLP-1)-Analoga: GLP-1 ist ein Peptidhormon, das vom Darm als Reaktion auf die Nahrungsaufnahme freigesetzt wird, die Insulinsekretion erhöht, die Glucagonfreisetzung hemmt und die Magenentleerung verlängert. GLP-1-Analoga spiegeln die Funktion von endogenem GLP-1 wider, indem sie bei Personen mit Fettleibigkeit und Typ-2-Diabetes ein Sättigungsgefühl auslösen, die Nahrungsaufnahme verringern und die Blutzuckerkontrolle verbessern. Peptide wie Liraglutid und Exenatid sind für die Behandlung von Fettleibigkeit und metabolischem Syndrom zugelassen und ermöglichen einen gezielten Ansatz zur Gewichtskontrolle und Stoffwechselgesundheit.

3. Analoga des Wachstumshormon-Releasing-Hormons (GHRH): GHRH ist ein Peptidhormon, das die Produktion von Wachstumshormonen aus der Hypophyse stimuliert, wodurch die Lipolyse

(Fettabbau) gefördert und der Energieverbrauch erhöht wird. GHRH-Analoga reproduzieren die Aktivitäten von nativem GHRH, kurbeln den Fettstoffwechsel an, erhalten Muskelmasse und verbessern die Körperzusammensetzung. Peptide wie Tesamorelin und Sermorelin wurden auf ihre Fähigkeit untersucht, viszerale Adipositas zu reduzieren, die Insulinsensitivität zu verbessern und die Stoffwechselfunktion bei Personen mit Fettleibigkeit und Stoffwechselerkrankungen zu steigern.

Peptide stellen einen hochmodernen Ansatz zur Leistungssteigerung dar und bieten spezifische Behandlungen für Muskelwachstum und -regeneration, Ausdauer- und Ausdauerverbesserung sowie Fettreduzierung und Stoffwechseloptimierung. Durch die Nutzung der Kraft peptidbasierter Therapien können Sportler und Fitnessbegeisterte ihr gesamtes Potenzial entfalten, die Grenzen der menschlichen Leistungsfähigkeit erweitern und eine optimale körperliche Verfassung erreichen.

Kapitel 5:
Maßgeschneiderte
Peptidprotokolle

Im Bereich der Peptidbehandlung gibt es keine Einheitslösung, die für alle passt. Das Anpassen von Peptidprotokollen umfasst das Entwerfen maßgeschneiderter Behandlungsprogramme, die die besondere Physiologie, Gesundheitsziele und Krankengeschichte einer Person berücksichtigen. Von der Definition von Dosierungsrichtlinien bis hin zur Implementierung von Überwachung und Modifikationen stellen personalisierte Peptidprotokolle sicher, dass jeder Kunde die effektivste und sicherste Therapie erhält, die auf seine eigenen Bedürfnisse zugeschnitten ist. In dieser detaillierten Untersuchung befassen wir uns mit den Feinheiten der maßgeschneiderten Peptidprotokolle und unterstreichen die Notwendigkeit maßgeschneiderter Behandlungspläne,

Dosierungsrichtlinien und kontinuierlicher Überwachung zur Optimierung der Therapieergebnisse und Maximierung des Nutzens.

Individuelle Behandlungspläne

Der Grundstein einer wirksamen Peptidtherapie liegt in der Formulierung individueller Behandlungsprogramme, die an die besonderen Bedürfnisse und Umstände jedes Patienten angepasst sind. Personalisierte Behandlungspläne berücksichtigen Faktoren wie Alter, Geschlecht, genetische Veranlagungen, zugrunde liegende Gesundheitsprobleme, Lebensstilfaktoren und Behandlungsziele, um die Therapieergebnisse zu verbessern und potenzielle Gefahren zu minimieren.

Der Prozess der Erstellung eines maßgeschneiderten Behandlungsplans umfasst häufig:

1. Umfassende Bewertung: Es erfolgt eine gründliche Beurteilung der Krankengeschichte, des aktuellen Gesundheitszustands und der Behandlungsziele des Patienten, um mögliche Interventionsbereiche zu identifizieren und die am besten geeignete Peptidtherapie auszuwählen.

2. Risikostratifizierung: Eine Untersuchung der Risikovariablen des Patienten, einschließlich bereits bestehender medizinischer Probleme, Drogenkonsum, Allergien und Lebensstilverhalten, wird durchgeführt, um die möglichen Risiken und Vorteile der Peptidtherapie zu ermitteln und Behandlungsoptionen zu informieren.

3. Zielsetzung: In Zusammenarbeit mit dem Patienten werden unter Berücksichtigung seiner gewünschten Ergebnisse, Erwartungen und Vorlieben klare und erreichbare Behandlungsziele festgelegt.

4. Behandlungsauswahl: Basierend auf den Beurteilungsergebnissen und Behandlungszielen werden bestimmte Peptide und Behandlungsmethoden ausgewählt, um auf die individuellen Bedürfnisse des Patienten einzugehen und die Therapieergebnisse zu optimieren.

5. Überwachung und Nachverfolgung: Regelmäßige Überwachungs- und Nachuntersuchungen sind geplant, um den Fortschritt zu verfolgen, die Wirksamkeit der Therapie zu bewerten und bei Bedarf Anpassungen vorzunehmen, um optimale Ergebnisse und Patientenzufriedenheit zu fördern.

Durch die Anpassung der Peptidprotokolle an die besonderen Eigenschaften und Bedürfnisse jedes Patienten können Ärzte eine individuelle Betreuung anbieten, die die therapeutischen Vorteile erhöht und gleichzeitig Risiken und unerwünschte Wirkungen minimiert.

Dosierungsrichtlinien

Die Bestimmung der optimalen Dosierung der Peptidtherapie ist entscheidend, um die besten Therapieergebnisse zu erzielen und gleichzeitig das Risiko unerwünschter Wirkungen zu verringern. Dosierungsparameter für die Peptidtherapie werden durch Merkmale wie Alter, Gewicht, Nierenfunktion, Stoffwechselrate und individuelle Reaktion des Patienten auf die Behandlung beeinflusst.

Zu den wichtigsten Bedenken bei der Festlegung von Dosisstandards gehören:

1. Peptidspezifität: Verschiedene Peptide haben unterschiedliche pharmakokinetische Eigenschaften, Halbwertszeiten und therapeutische Bereiche, die bei der Formulierung von Dosierungsschemata berücksichtigt werden müssen. Faktoren wie Peptidstabilität, Bioverfügbarkeit und Rezeptoraffinität bestimmen die geeignete Dosierung und Dosierungshäufigkeit.

2. Behandlungsziele: Die angestrebten Therapieziele, ob Muskelwachstum, Fettabbau, kognitive Verbesserung oder Unterstützung des Immunsystems, bestimmen die Auswahl und Dosierung der Peptide. Für intensive Behandlungsverfahren, die auf sofortige Ergebnisse abzielen, können höhere Dosierungen erforderlich sein, während niedrigere Dosierungen für eine Erhaltungstherapie oder eine langfristige Gesundheitsoptimierung akzeptabel sein können.

3. Individuelle Antwort: Die individuelle Heterogenität als Reaktion auf die Peptidbehandlung erfordert eine flexible und maßgeschneiderte

Dosierungsstrategie. Manche Menschen benötigen möglicherweise höhere oder niedrigere Dosen, um therapeutische Ergebnisse zu erzielen, basierend auf Merkmalen wie genetischer Veranlagung, Stoffwechselrate und Empfindlichkeit gegenüber der Behandlung.

4. Sicherheitsaspekte: Bei der Festlegung von Dosierungsrichtlinien für die Peptidbehandlung ist die Patientensicherheit von entscheidender Bedeutung. Besonderes Augenmerk muss auf Aspekte wie mögliche Nebenwirkungen, Wechselwirkungen mit anderen Arzneimitteln und die Gefahr einer Überdosierung oder schwerer Reaktionen gelegt werden, insbesondere bei gefährdeten Gruppen wie Kindern, älteren Erwachsenen und Patienten mit zugrunde liegenden Gesundheitsproblemen.

Durch die Einhaltung evidenzbasierter Dosierungsrichtlinien und die Überwachung des Patientenansprechens auf die Therapie können medizinische Fachkräfte die Therapieergebnisse optimieren und gleichzeitig das Risiko unerwünschter Wirkungen verringern und die Patientensicherheit gewährleisten.

Überwachung und Anpassungen

Bei der Peptidtherapie handelt es sich nicht um einen statischen Eingriff, sondern vielmehr um einen fortlaufenden Prozess, der ständige Überwachung und Modifikationen erfordert, um die Ergebnisse zu verbessern und das Wohlbefinden des Patienten aufrechtzuerhalten. Zu den Überwachungsparametern können klinische Beurteilungen, Labortests, bildgebende Untersuchungen und vom Patienten berichtete

Ergebnisse gehören, um Fortschritte zu verfolgen, die Wirksamkeit der Therapie zu bewerten und mögliche Nebenwirkungen oder Folgen zu identifizieren.

Zu den Schlüsselkomponenten der Überwachung und Anpassung der Peptidbehandlung gehören:

1. **Regelmäßige Folgetreffen:** Geplante Folgegespräche mit Ärzten ermöglichen eine kontinuierliche Bewertung des Behandlungsfortschritts, eine Anpassung der Dosierungsschemata und eine Optimierung der Therapieergebnisse. Den Patienten wird empfohlen, zwischen den Besuchen alle Veränderungen der Symptome, unerwünschten Wirkungen oder Therapiereaktionen zu melden, um schnelle Änderungen zu ermöglichen.

2. Klinische Bewertungen: Klinische Untersuchungen, einschließlich körperlicher Untersuchungen, Vitalzeichenmessungen und Leistungstests, liefern wichtige Einblicke in den allgemeinen Gesundheitszustand, die Funktionsfähigkeit und das Ansprechen auf die Behandlung des Patienten. Veränderungen der Muskelmasse, der Körperzusammensetzung, der Kraft, der Ausdauer und der kognitiven Funktion können verfolgt werden, um die Wirksamkeit der Behandlung zu messen und Anpassungen vorzuschlagen.

3. Laborüberwachung: Labortests wie Bluttests, Urintests und Hormontests können durchgeführt werden, um biochemische Indikatoren, Hormonspiegel, Stoffwechselparameter und Organfunktionen als Reaktion auf eine Peptidtherapie zu untersuchen. Zu den

Überwachungsmaßnahmen können Marker für Entzündung, immunologische Funktion, Lipidstoffwechsel, Glukosetoleranz und Nierenfunktion gehören, um die Sicherheit und Wirksamkeit von Medikamenten zu bestimmen.

4. Patientenfeedback: Von Patienten berichtete Ergebnisse, einschließlich Symptomintensität, Lebensqualität, Zufriedenheit mit der Behandlung und Therapietreue, liefern wichtige Einblicke in die subjektive Erfahrung und das Ansprechen auf die Behandlung des Patienten. Eine offene Kommunikation zwischen Patienten und Gesundheitsdienstleistern ist von entscheidender Bedeutung, um Bedenken oder Probleme zu erkennen, die möglicherweise eine Überarbeitung des Behandlungsplans erfordern.

Kapitel 6: Sicherheit und Regulierung der Peptidtherapie

Da die Popularität der Peptidtherapie weiter zunimmt, steigt auch die Notwendigkeit, die Sicherheitsaspekte und die Regulierungslandschaft rund um diese revolutionären Medikamente zu kennen. Peptide haben ein enormes Potenzial für die Lösung eines breiten Spektrums gesundheitlicher Probleme, vom Muskelwachstum bis zur Unterstützung des Immunsystems, aber um ihre sichere und wirksame Verwendung zu gewährleisten, müssen mögliche Gefahren, rechtliche Überlegungen und behördliche Überwachung sorgfältig berücksichtigt werden. In dieser umfassenden Untersuchung befassen wir uns mit der Sicherheit und Regulierung der Peptidtherapie und bewerten potenzielle Gefahren und Nebenwirkungen, rechtliche Überlegungen sowie Qualitätskontroll-

und Regulierungsmechanismen, um die Patientensicherheit und die Wirksamkeit der Behandlung zu fördern.

Mögliche Risiken und Nebenwirkungen

Obwohl Peptide erhebliche therapeutische Vorteile bieten, sind sie nicht ungefährlich, und es ist wichtig, die möglichen nachteiligen Auswirkungen zu verstehen, die mit ihrer Verwendung verbunden sind. Zu den häufigen Risiken und Nebenwirkungen einer Peptidbehandlung können gehören:

1. Reaktionen an der Injektionsstelle: Reaktionen an der Injektionsstelle wie Unwohlsein, Schwellung, Rötung und Blutergüsse sind häufige Nebenwirkungen der Peptidtherapie. Diese Reaktionen klingen oft von selbst ab und können durch gute Injektionstechniken und Rotation der Injektionsstelle minimiert werden.

2. Überempfindlichkeitsreaktionen: Bei manchen Personen können allergische Reaktionen oder Überempfindlichkeitsreaktionen auf Peptide oder ihre Hilfsstoffe auftreten, die zu Symptomen wie Hautausschlag, Juckreiz, Nesselsucht oder Anaphylaxie führen. Patienten mit Allergien oder Überempfindlichkeiten in der Vorgeschichte sollten engmaschig auf Anzeichen unerwünschter Ereignisse überwacht werden.

3. Endokrine Störung: Peptide, die den Hormonspiegel kontrollieren, wie Wachstumshormon-Sekretagoga oder Gonadotropin-Releasing-Hormon-Analoga, können die endokrine Funktion stören und zu hormonellen Ungleichgewichten führen, die sich in

Veränderungen der Libido, der Stimmung, des Menstruationszyklus oder der Stoffwechselparameter äußern können.

4. Magen-Darm-Störungen: Oral eingenommene Peptide können aufgrund einer Reizung der Magen-Darm-Schleimhaut oder Störungen der Darmmotilität gastrointestinale Nebenwirkungen wie Übelkeit, Erbrechen, Durchfall oder Bauchbeschwerden hervorrufen.

5. Auswirkungen auf das immunologische System: Peptide, die die immunologische Funktion verändern, wie Thymosin Alpha-1 oder immunmodulatorische Peptide, können die Immunantwort beeinflussen und das Risiko von Autoimmunreaktionen oder Infektionen erhöhen, insbesondere bei immungeschwächten Personen.

Während die meisten Nebenwirkungen im Zusammenhang mit der Peptidtherapie gering und vorübergehend sind, müssen sich Gesundheitsdienstleister der potenziellen Gefahren bewusst sein und Patienten aufmerksam auf unerwünschte Reaktionen überwachen. Patientenaufklärung, informierte Einwilligung und gründliche Bewertung von Risikofaktoren sind Schlüsselkomponenten für die Gewährleistung der sicheren Anwendung der Peptidbehandlung.

Rechtlichen Erwägungen

Die Regulierungslandschaft rund um die Peptidbehandlung unterscheidet sich je nach Region und Gerichtsbarkeit, wobei Vorschriften die Herstellung, den Vertrieb und die Verwendung von peptidbasierten Therapien regeln. In vielen Ländern gelten Peptide als verschreibungspflichtige

Medikamente und unterliegen einer strengen behördlichen Kontrolle durch die Gesundheitsbehörden.

Zu den wichtigsten rechtlichen Überlegungen bei der Peptidbehandlung gehören:

1. Verschreibungspflicht: Viele Peptide sind nur auf Rezept erhältlich und müssen von einem zugelassenen Gesundheitsdienstleister verschrieben werden, beispielsweise einem Arzt oder Krankenpfleger, der zur Diagnose und Behandlung medizinischer Störungen berechtigt ist.

2. Behördliche Genehmigung: Peptidbasierte Medikamente und Therapien können einer behördlichen Genehmigung durch Gesundheitsbehörden wie der Food and Drug

Administration (FDA) in den Vereinigten Staaten oder der Europäischen Arzneimittel-Agentur (EMA) in Europa unterliegen, um ihre Sicherheit, Wirksamkeit und Qualität zu gewährleisten .

3. Off-Label-Verwendung: Während einige Peptide für bestimmte Indikationen eine behördliche Zulassung erhalten haben, können Gesundheitsdienstleister Peptide auf der Grundlage klinischer Beurteilung und wissenschaftlicher Daten auch für Off-Label-Anwendungen oder Versuchszwecke verschreiben. Der Off-Label-Einsatz von Peptiden sollte in Übereinstimmung mit anerkannten medizinischen Protokollen und ethischen Grundsätzen erfolgen.

4. Import- und Exportbeschränkungen: Peptide können Import- und Exportbeschränkungen, Zollgesetzen und internationalen Verträgen unterliegen, die den grenzüberschreitenden Transfer verbotener Arzneimittel regeln. Angehörige der Gesundheitsberufe sollten sich bei der Verschreibung oder Verabreichung von Peptiden über internationale Grenzen hinweg der geltenden Gesetze und Vorschriften bewusst sein.

Qualitätskontrolle und Regulierung

Qualitätskontrolle und -regulierung spielen eine entscheidende Rolle bei der Gewährleistung der Sicherheit, Reinheit und Wirksamkeit peptidbasierter Produkte. Peptidmedikamente und -therapien müssen gründlichen Test-, Validierungs- und Qualitätssicherungsprozessen unterzogen werden, um regulatorische Kriterien zu erfüllen und die Produktintegrität sicherzustellen.

Zu den wichtigsten Aspekten der Qualitätskontrolle und -regulierung bei der Peptidbehandlung gehören:

1. Herstellungsstandards: Peptidbasierte Waren sollten in Übereinstimmung mit den Standards der Guten Herstellungspraxis (GMP) hergestellt werden, die Anforderungen an Einrichtungen, Ausrüstung, Personal, Prozesse und Dokumentation festlegen, um Produktqualität und -konsistenz sicherzustellen.

2. Produkttests: Peptidprodukte sollten strengen Tests auf Identifizierung, Reinheit, Wirksamkeit und Sterilität unterzogen werden, um die Einhaltung von Spezifikationen und behördlichen Anforderungen zu bestätigen. Zur Beurteilung der Produktqualität werden routinemäßig Analysetechniken wie Hochleistungsflüssigkeitschromatographie (HPLC), Massenspektrometrie und mikrobiologische Tests eingesetzt.

3. Chargenfreigabe: Peptidprodukte sollten vor der Freigabe für den Vertrieb und die Verwendung einer Chargenfreigabeprüfung durch qualifizierte Qualitätskontrollexperten unterzogen werden, um die Konformität mit den Anforderungen zu überprüfen. Chargenfreigabetests können Tests auf Peptidgehalt, Kontaminanten, mikrobiologische Kontamination und Endotoxinspiegel umfassen.

4. Lagerung und Handhabung: Richtige Lagerungs- und Handhabungsmethoden sind entscheidend für die Aufrechterhaltung der Stabilität und Integrität von Peptidprodukten während ihrer gesamten Haltbarkeitsdauer. Peptide sollten unter kontrollierten Bedingungen aufbewahrt werden, fern von Licht, Hitze, Feuchtigkeit und Oxidation, um eine Verschlechterung zu verhindern und die Wirksamkeit des Produkts sicherzustellen.

Durch die Einhaltung strenger Qualitätskontrollmethoden und regulatorischer Standards können Hersteller die Sicherheit, Reinheit und Wirksamkeit peptidbasierter Arzneimittel gewährleisten, die Gesundheit der Patienten gewährleisten und das Vertrauen in die Peptidtherapie als praktikable Therapieoption stärken.

Kapitel 7: Integration der Peptidtherapie in Ihren Lebensstil

Die Peptidbehandlung bietet eine einzigartige Möglichkeit, Gesundheit und Wohlbefinden zu steigern, indem sie bestimmte physiologische Signalwege anspricht und die optimale Funktion des Körpers unterstützt. Wenn sie in einen ganzheitlichen Lebensstilansatz integriert wird, der gesunde Ernährung, regelmäßige Bewegung und andere Wellness-Praktiken umfasst, kann die Peptidbehandlung ihre Wirkung synergetisch verstärken und zu besseren Ergebnissen und einer höheren Lebensqualität führen. In dieser umfassenden Untersuchung untersuchen wir Techniken zur Integration der Peptidtherapie in Ihren Lebensstil, einschließlich der Kombination mit Ernährung und Bewegung, Änderungen des Lebensstils zur Erzielung von Synergien und der

Anwendung langfristiger Taktiken zur Erhaltung der Gesundheit und Langlebigkeit.

Kombinierbar mit Diät und Bewegung

Ernährung und Bewegung sind wesentliche Säulen der Gesundheit und spielen eine entscheidende Rolle bei der Förderung der Wirksamkeit der Peptidtherapie. Durch die Kombination einer Peptidtherapie mit einer ausgewogenen Ernährung und regelmäßiger körperlicher Aktivität können Einzelpersonen ihre allgemeine Gesundheit maximieren und die therapeutischen Vorteile von Peptiden verstärken.

Diät

1. Nährstoffreiche Lebensmittel: Betonen Sie vollwertige, nährstoffreiche Lebensmittel wie Obst, Gemüse, mageres Fleisch, Vollkornprodukte und gesunde Fette, um wichtige Vitamine, Mineralien und Antioxidantien bereitzustellen, die die Zellfunktion und Gewebereparatur unterstützen.

2. Proteinkonsum: Für Muskelwachstum, -reparatur und -regeneration ist eine ausreichende Proteinaufnahme erforderlich, was es zu einem Schlüsselbestandteil jeder Peptidbehandlung macht, die darauf abzielt, die sportliche Leistung zu steigern oder Muskelhypertrophie zu fördern.

3. Flüssigkeitszufuhr: Bleiben Sie gut hydriert, indem Sie den ganzen Tag über viel Wasser trinken, um die Stoffwechselaktivitäten zu unterstützen, das

Elektrolytgleichgewicht aufrechtzuerhalten und die Entfernung von Giftstoffen und Stoffwechselabfallprodukten zu erleichtern.

Übung

1. **Krafttraining:** Integrieren Sie Krafttrainingsübungen wie Gewichtheben, Eigengewichtsübungen oder Widerstandsbandtraining, um das Muskelwachstum zu steigern, die Kraft zu verbessern und die anabolen Wirkungen der Peptidtherapie zu verstärken.

2. **Herz-Kreislauf-Aktivität:** Nehmen Sie regelmäßig an Herz-Kreislauf-Aktivitäten wie Joggen, Radfahren, Schwimmen oder hochintensivem Intervalltraining (HIIT) teil, um die Herz-Kreislauf-Gesundheit zu verbessern, die

Ausdauer zu steigern und den Fettstoffwechsel zu unterstützen.

3. Flexibilität und Mobilität: Integrieren Sie Beweglichkeits- und Mobilitätsaktivitäten wie Yoga, Pilates oder Dehnübungen, um die Beweglichkeit der Gelenke zu verbessern, Muskelverspannungen zu reduzieren und die allgemeine funktionelle Fitness zu verbessern.

Lebensstiländerungen für Synergy

Zusätzlich zu Ernährung und Bewegung erfordert die Integration einer Peptidbehandlung in Ihren Lebensstil ganzheitliche Änderungen des Lebensstils, die die allgemeine Gesundheit und das Wohlbefinden verbessern. Vom Stressmanagement bis zur Schlafhygiene haben Lebensstilfaktoren einen entscheidenden Einfluss darauf, wie der Körper auf die Peptidtherapie reagiert und die Behandlungsergebnisse maximiert.

Stressbewältigung

1. Achtsamkeitspraktiken: Integrieren Sie Achtsamkeitsübungen wie Meditation, Atemübungen oder progressive Muskelentspannung, um Stress abzubauen, die Entspannung zu steigern und das emotionale Wohlbefinden zu verbessern.

2. Fähigkeiten zur Stressreduzierung: Identifizieren und bekämpfen Sie Stressquellen in Ihrem Leben, wie z. B. berufliche Verpflichtungen, Eheprobleme oder finanzielle Sorgen, indem Sie wirksame Bewältigungsmechanismen, Fähigkeiten zur Problemlösung und soziale Unterstützungsnetzwerke nutzen.

Schlafhygiene

1. Konsistenter Schlafplan: Sorgen Sie für einen regelmäßigen Schlaf-Wach-Rhythmus, indem Sie jeden Tag zur gleichen Zeit ins Bett gehen und aufwachen, um den Tagesrhythmus zu regulieren und einen erholsamen Schlaf zu fördern.

2. Schlafumgebung: Schaffen Sie eine angenehme Schlafumgebung, die dunkel, ruhig und angenehm ist und frei von Ablenkungen wie elektronischen Geräten, übermäßigem Lärm oder störendem Licht ist.

Gesunde Gewohnheiten

1. Raucherentwöhnung: Wenn Sie rauchen, sollten Sie erwägen, mit dem Rauchen aufzuhören, um das Risiko von Herz-Kreislauf-Erkrankungen, Atemwegserkrankungen und anderen Gesundheitsproblemen zu verringern, die den Nutzen der Peptidtherapie beeinträchtigen könnten.

2. Mäßiger Alkoholkonsum: Begrenzen Sie den Alkoholkonsum auf ein moderates Maß, um die schädlichen Auswirkungen von Alkohol auf den Stoffwechsel, die Leberfunktion und die allgemeine Gesundheit zu begrenzen.

Langfristige Strategien zur Gesundheitserhaltung

Bei der Integration der Peptidtherapie in Ihren Lebensstil geht es nicht nur um kurzfristige Interventionen – es geht um die Einführung nachhaltiger, langfristiger Methoden zur Erhaltung der Gesundheit und Langlebigkeit. Durch die Einbeziehung der Peptidbehandlung in eine ganzheitliche Wellness-Strategie, die vorbeugende Pflege, proaktive Überwachung und fortlaufende Selbstpflege fördert, können Einzelpersonen ihre Gesundheit und ihr Wohlbefinden im Laufe der Zeit nachhaltig optimieren.

Vorsorge

1. Regelmäßige Gesundheitsuntersuchungen: Vereinbaren Sie mit Ihrem Arzt regelmäßige Kontrolluntersuchungen und Gesundheitsuntersuchungen, um wichtige Gesundheitsindikatoren zu überwachen, frühe Krankheitszeichen zu erkennen und die Wirksamkeit der Peptidtherapie zu beurteilen.

2. Impfstoffe: Bleiben Sie über Impfstoffe und Immunisierungen auf dem Laufenden, um sich vor Infektionen zu schützen und Problemen vorzubeugen, die den Nutzen der Peptidtherapie einschränken könnten.

Proaktive Überwachung

1. Selbsteinschätzung: Überwachen Sie Ihre Gesundheit und Ihr Wohlbefinden durch Techniken zur Selbsteinschätzung, wie z. B. das Aufzeichnen von Symptomen, das Überwachen von Vitalfunktionen und das Führen eines Gesundheitstagebuchs, um Trends und Muster im Laufe der Zeit aufzudecken.

2. Labortests: Regelmäßige Labortests wie Bluttests, Hormontests oder Biomarker-Bewertungen können nützliche Einblicke in Ihre Stoffwechselgesundheit, Ihr Hormongleichgewicht und Ihr Ansprechen auf die Peptidtherapie liefern.

Kontinuierliche Selbstfürsorge

1. Selbstmanagementstrategien: Übernehmen Sie eine aktive Rolle bei der Erhaltung Ihrer Gesundheit durch Selbstfürsorgeaktivitäten wie gesunde Ernährung, regelmäßige Bewegung, Strategien zur Stressreduzierung und die Einhaltung von Medikamenten- und Behandlungsprotokollen.

2. Weiterbildung: Bleiben Sie über Durchbrüche in der Peptidtherapie, neue Forschungsergebnisse und Lebensstilrichtlinien zur Gesundheitsoptimierung durch vertrauenswürdige Quellen, Lehrmaterialien und fachkundige Aufsicht auf dem Laufenden.

Um die Peptidtherapie in Ihren Lebensstil zu integrieren, müssen Sie die Behandlung mit Ernährung und Bewegung in Einklang bringen, ganzheitliche Verbesserungen des Lebensstils vornehmen und langfristige Pläne zur Erhaltung der Gesundheit und Langlebigkeit verabschieden. Durch einen synergetischen Ansatz für Gesundheit und Wohlbefinden, der alle Aspekte des Lebens umfasst, können Einzelpersonen die Vorteile der Peptidbehandlung optimieren und eine Grundlage für lebenslange Vitalität und Wohlbefinden schaffen.

Kapitel 8: Zukünftige Richtungen in der Peptidtherapie

Da sich der Bereich der Peptidtherapie ständig weiterentwickelt, erkunden Forscher und medizinisches Fachpersonal neue Grenzen bei der Entwicklung und Anwendung peptidbasierter Behandlungen. Mit kontinuierlichen Verbesserungen in der Technologie, der Molekularbiologie und den Methoden zur Arzneimittelverabreichung verspricht die Zukunft der Peptidtherapie Entdeckungen, transformative Durchbrüche und neuartige Lösungen für einige der schwerwiegendsten Gesundheitsprobleme unserer Zeit. In dieser umfassenden Untersuchung befassen wir uns mit den zukünftigen Wegen der Peptidtherapie und bewerten neue Forschungsergebnisse und Fortschritte, zukünftige

Durchbrüche und Innovationen sowie die sich entwickelnde Landschaft der Peptidtherapeutika.

Neue Forschung und Entwicklungen

Die Landschaft der Peptidbehandlung erweitert sich ständig, angetrieben durch Spitzenforschung und kreative Durchbrüche, die die Breite der therapeutischen Optionen erweitern. Zu den neuen Forschungsthemen in der Peptidbehandlung gehören:

1. Methoden zur gezielten Arzneimittelabgabe: Forscher untersuchen innovative Methoden zur Arzneimittelverabreichung und Formulierungsstrategien, um die Stabilität, Bioverfügbarkeit und Gewebeselektivität peptidbasierter Therapien zu erhöhen. Fortschritte in der Nanotechnologie, der liposomalen Verkapselung und Peptidkonjugationsmethoden versprechen eine Steigerung der Effizienz der Medikamentenabgabe und eine Verringerung von Nebenwirkungen außerhalb des Ziels.

2. Peptid-Engineering und -Design: Molekulare Engineering-Techniken wie rationales Design, kombinatorische Chemie und computergestütztes Arzneimitteldesign werden verwendet, um neuartige Peptidanaloga und -derivate mit verbesserten pharmakokinetischen Eigenschaften, erhöhter Zielaffinität und optimierten therapeutischen Profilen zu entwickeln. Diese Durchbrüche ermöglichen die Produktion von Peptiden mit speziellen Funktionen für bestimmte Zwecke, beispielsweise Rezeptoragonisten, -antagonisten oder Enzyminhibitoren.

3. Multizielgerichtete Peptidbehandlungen: Mehrfach zielgerichtete Peptidbehandlungen, die gleichzeitig zahlreiche biologische Signalwege verändern, entwickeln sich zu einer praktikablen Methode zur Behandlung komplexer Krankheiten mit multifaktoriellen Ursachen wie Krebs, Autoimmunerkrankungen und metabolischen Syndromen. Da diese Medikamente gleichzeitig viele molekulare Ziele ansprechen, bieten sie synergistische Vorteile und eine erhöhte therapeutische Wirksamkeit im Vergleich zur Einzelzieltherapie.

4. Peptidbasierte Impfungen und Immuntherapien: Peptidbasierte Impfungen und Immuntherapien werden entwickelt, um das körpereigene Immunsystem zur Vorbeugung oder Behandlung von Infektionskrankheiten, Krebs und Autoimmunerkrankungen zu nutzen. Peptidantigene,

Adjuvanzien und immunmodulatorische Peptide werden als Bestandteile von Impfstoffen und immuntherapeutischen Arzneimitteln der nächsten Generation untersucht, die starke und spezifische Immunantworten gegen Zielantigene hervorrufen.

Mögliche Durchbrüche und Innovationen

Die Zukunft der Peptidtherapie verspricht revolutionäre Durchbrüche und bahnbrechende Innovationen, die das Gesundheitswesen verändern und die Behandlungsergebnisse für die Patienten verbessern können. Zu den potenziellen Durchbrüchen und Innovationen in der Peptidbehandlung gehören:

1. **Personalisierte Peptidmedizin:** Fortschritte in der Genomik, Proteomik und Bioinformatik ebnen

den Weg für eine personalisierte Peptidmedizin, bei der Behandlungsschemata auf individuelle genetische Profile, molekulare Signaturen und Krankheitsanfälligkeiten zugeschnitten sind. Personalisierte Peptidtherapeutika bieten gezielte Interventionen, die die Wirksamkeit verbessern, Nebenwirkungen begrenzen und die Behandlungsergebnisse abhängig von den individuellen Merkmalen jedes Patienten optimieren.

2. Peptidbasierte Genbearbeitung: Peptidbasierte Genbearbeitungstechnologien wie CRISPR-Cas9 und verwandte Systeme verändern den Bereich der genetischen Medizin, indem sie eine präzise Modifikation von DNA-Sequenzen ermöglichen, um genetische Mutationen zu beheben, die Genexpression zu regulieren und zelluläre Aktivitäten zu modulieren. Peptidbasierte Verabreichungsmethoden fördern die gezielte

Verabreichung von Gen-Editing-Werkzeugen an bestimmte Gewebe oder Zelltypen, steigern deren therapeutisches Potenzial und verringern Nebenwirkungen außerhalb des Ziels.

3.   Regenerative   Peptidbehandlungen: Regenerative Peptidbehandlungen, die die Gewebereparatur, -regeneration und Wundheilung verbessern, werden den Bereich der regenerativen Medizin verändern. Peptide mit regenerativen Fähigkeiten, wie Wachstumsfaktoren, Zytokine und extrazelluläre Matrixproteine, treiben die Zellproliferation, -differenzierung und Gewebeumbauprozesse voran, um die normale Gewebefunktion wiederherzustellen und verletzte Organe oder Gewebe zu heilen.

4.   Neuroprotektive   Peptid-Medikamente: Neuroprotektive Medikamente auf Peptidbasis sind vielversprechend für die Behandlung von neurodegenerativen Erkrankungen, Hirntraumata und neurologischen Störungen, indem sie die neuronale Integrität schützen, die synaptische Plastizität steigern und die kognitive Leistungsfähigkeit steigern. Neuroprotektive Peptide, die auf bestimmte molekulare Signalwege abzielen, die an Neurodegeneration, oxidativem Stress und Entzündungen beteiligt sind, bieten vielversprechende Therapien zur Verlangsamung des Krankheitsverlaufs und zur Verbesserung der Lebensqualität von Patienten mit neurologischen Störungen.

Die sich entwickelnde Landschaft der Peptidtherapeutika

Der Bereich der Peptidtherapien durchläuft derzeit eine Phase der schnellen Expansion und Transformation, die durch wissenschaftliche Entdeckungen, technologischen Fortschritt und klinische Umsetzung vorangetrieben wird. Da peptidbasierte Arzneimittel weiterhin ihre Wirksamkeit, Sicherheit und Anpassungsfähigkeit in einem breiten Spektrum therapeutischer Indikationen unter Beweis stellen, wird die Zukunft der Medizin zunehmend von der sich verändernden Landschaft der Peptidtherapeutika bestimmt.

1. Präzisionsmedizin: Die Peptidtherapie steht an der Spitze der Präzisionsmedizin und ermöglicht gezielte Therapien, die auf spezifische

Patientenmerkmale, Krankheitsphänotypen und Behandlungsreaktionen abgestimmt sind. Präzisionspeptidbehandlungen bieten maßgeschneiderte Behandlungsschemata, die die Therapieergebnisse verbessern und unerwünschte Nebenwirkungen reduzieren und so eine neue Ära der patientenzentrierten Pflege einläuten.

2.Kombinationsbehandlungen: Kombinationsbehandlungen, die verschiedene Peptide, kleine Verbindungen, Biologika oder andere Therapiemodalitäten integrieren, entwickeln sich zu einem wirksamen Instrument zur Behandlung komplizierter Krankheiten mit multifaktoriellen Ursachen. Durch die Kombination komplementärer Wirkmechanismen bieten Kombinationsmedikamente im Vergleich zu Monotherapietechniken synergistische Effekte, eine höhere Wirksamkeit und eine verbesserte Krankheitskontrolle.

3. Begleitdiagnostik: Begleitdiagnostika, die Biomarker, molekulare Signaturen oder genetische Indikatoren identifizieren, die das Ansprechen auf die Behandlung vorhersagen, werden zunehmend eingesetzt, um die therapeutische Entscheidungsfindung zu unterstützen und die Patientenauswahl für eine Peptidtherapie zu optimieren. Durch die Stratifizierung von Patienten basierend auf ihrer Wahrscheinlichkeit, auf die Behandlung anzusprechen, verbessert die Begleitdiagnostik die Präzision und Wirksamkeit peptidbasierter Therapien.

4. Globale Zugänglichkeit: Fortschritte in der Herstellung, Formulierung und im Vertrieb verbessern die Zugänglichkeit peptidbasierter

Arzneimittel für Patienten weltweit und überwinden Einschränkungen wie Kosten, Komplexität und Skalierbarkeit. Innovationen in der Peptidsynthese, -reinigung und -formulierungstechnologien senken die Produktionskosten, rationalisieren Herstellungsprozesse und erhöhen die Marktverfügbarkeit, wodurch die Peptidtherapie für Patienten in verschiedenen geografischen Regionen und sozioökonomischen Umständen zugänglicher wird.

Die Zukunft der Peptidtherapie wird durch neue Forschungen und Fortschritte, voraussichtliche Durchbrüche und Innovationen sowie eine wachsende Arzneimittellandschaft bestimmt, die vielversprechende Möglichkeiten für eine Veränderung der Gesundheitsversorgung und eine Verbesserung der Patientenergebnisse bietet. Indem wir die Möglichkeiten nutzen, die die Peptidtherapie bietet, und die Zusammenarbeit zwischen Disziplinen, Interessengruppen und Gesundheitssystemen fördern, können wir das volle Potenzial von Peptiden nutzen, um einige der dringendsten gesundheitlichen Herausforderungen unserer Zeit anzugehen und den Weg für ein gesünderes, widerstandsfähigeres Leben zu ebnen Zukunft.

Abschluss

Zusammenfassend bietet dieses Buch einen ausführlichen Leitfaden zur Peptidtherapie und bietet einen tiefen Einblick in die Wissenschaft, Anwendungen und zukünftige Richtungen dieses einzigartigen Ansatzes im Gesundheitswesen. Auf seinen Seiten haben die Leser die Grundlagen der Peptidbehandlung erforscht, ihre molekularen Mechanismen verstanden und ihre zahlreichen Anwendungen in einem breiten Spektrum medizinischer Fachgebiete gewürdigt.

Vom Verständnis der molekularen Struktur und Funktion von Peptiden bis zur Erforschung ihres therapeutischen Potenzials in Bereichen wie Anti-Aging, Unterstützung des Immunsystems und kognitiver Verbesserung haben die Leser Einblicke in die transformative Kraft der Peptidtherapie bei der Gesundheitsförderung, Leistungssteigerung und Behandlung gewonnen Krankheiten.

Darüber hinaus bietet dieses Buch praktische Ratschläge zur richtigen Anwendung einer Peptidbehandlung, von der Beratung mit Ärzten über die Einhaltung von Dosierungsanforderungen bis hin zur Integration in Änderungen des Lebensstils. Durch einen ganzheitlichen Ansatz für Gesundheit und Wohlbefinden, der die Peptidbehandlung in ein umfassendes Wellnessprogramm einbezieht, können Einzelpersonen ihre Gesundheit maximieren, ihr Wohlbefinden steigern und den Weg für eine gesündere, lebendigere Zukunft ebnen.

Mit Blick auf die Zukunft verspricht die Zukunft der Peptidtherapie bahnbrechende Entdeckungen, transformative Durchbrüche und innovative Lösungen, die das Gesundheitswesen revolutionieren und die Behandlungsergebnisse für die Patienten verbessern können. Aufgrund der kontinuierlichen Weiterentwicklung in Forschung, Technologie und klinischer Umsetzung wird die Peptidtherapie eine immer wichtigere Rolle bei der Bestimmung der Zukunft der Medizin spielen.

www.ingramcontent.com/pod-product-compliance
Lightning Source LLC
Chambersburg PA
CBHW071056290526
45795CB00004B/1518